南　方　草　木　状

伟大的植物

THE FANTASTIC PLANTS

BOOK OF SOUTHERN VEGETATION

[晋]嵇含——著　兰心仪——编译　杨盈盈——绘

中国画报出版社·北京

序

草木之名不是简单的名字

人类有一种特殊的心理现象，叫刻板印象。我们谈到南极，想到的必然有冰雪；说起新疆，脑子里蹦出来的都是羊肉串；一说起植物学，总会让人想起深山老林、奇花异卉，以及像野人一样飞奔于山间的植物学家。但我想告诉大家的是，绝大多数植物学家并没有进过深山老林，并不会种花养草，也不会辨识野果，更不会把植物变成想象中的怪兽。

读到此处的朋友，脑海中大概已经满是问号了：植物学家是什么样的人？认识植物有什么用？要植物学家又有什么用？我想，古人在观察和研究植物的时候，也必然会想到这些问题。

认识植物，其实是一件挺有意思的事。植物并不像大家想象的那么无趣和无聊，就连大哲学家卢梭也说过，研究植物学最符合他的天然品位。

春天的草地上，紫花地丁在忙着招揽蜜蜂来吸蜜传粉，雪松则会大手笔地扔出巨量花粉，即便在阴湿的墙脚，苔藓们也在忙着制造养料，繁育后代。不管是在肥沃的园地，还是在贫瘠的荒漠，抑或是看似无法驻足的树干之上，都有植物在经营它们自己的生活。不要嘲笑蓝藻数十亿年的不变，那是因为它们能牢牢掌控海洋和江河，不需要改变。

而这一切，都需要我们去发现、去探索。植物绝不像大家想象的那么索然无味，植物学家也不全是戴着酒瓶底儿眼镜的老学究。

毫无疑问，中国古人在对待植物的态度上是极其务实的，在《南方草木状》中就记录了人们日常生活中经常会碰到的荔枝、龙眼、柿子和香蕉。但这并不妨碍那些只是承载了人类情感而无实际功用的植物也进入书中，比如各种各样的竹子。

多数竹子不能为人类提供竹笋，也变不成农人的扁担和房梁，但它们身上承载了文人的情思，它们的外貌和结构让我们有无限的遐想——不管是其摇曳的身姿，还是中空的秉性，都成为了文人墨客创作的素材。

因此，熟知一些草木之名，有时并不是为了它们的功用，而是从中找到一份情感寄托。当我们从小区绿地经过的时候，看到的就不会是一丛丛无味的绿色，也不会是一朵朵乏味的花儿，而是一个个鲜活的生命和一群群熟识的老友：苦荬菜刚刚褪掉黄色的花瓣，月季花即将为花园增添彩虹般的色彩，而樱桃的果子已经被小朋友们觊觎了很久……每一片叶子、每一片花瓣、每一粒果实都在向你讲述它们的生活和变化，而这一切都会为我们的生活增添光彩。

读古人这本《南方草木状》，可以帮助我们认识今日的花朵，也可以帮我们追忆往昔的情愫，历史和现实就交叉在文字和图画之间。书中还有那个年代刚从异域而来的植物——甘薯、茉莉和指甲花，对这些植物的描述可以帮我们更好地理解古人的生活和他们留给我们的故事。

多识草木鸟兽之名，是一种生活态度，是一种生活情趣，也是一种全新的社交行为——与另一种形态的生命成为朋友。生活将因此而改变。

史军

2019 年 12 月

目录

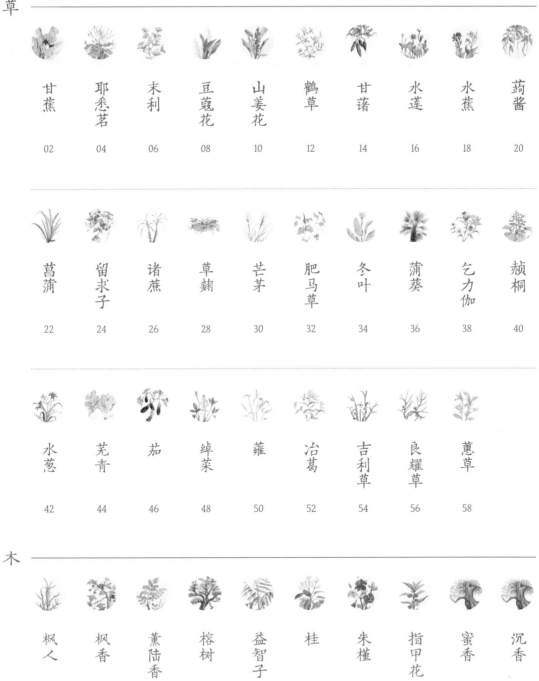

草

木

目录

草类

甘蕉

gānjiāo

甘蕉，望之如树，株大者一围余。叶长一丈，或七八尺，广尺余二尺许。花大如酒杯，形色如芙蓉。着茎末百余子大，各为房，相连累，甜美，亦可蜜藏。根如芋魁，大者如车毂。实随华，每华一阖，各有六子，先后相次。子不俱生，花不俱落。一名芭蕉，或曰巴苴。剥其子上皮，色黄白，味似蒲萄，甜而脆，亦疗饥。此有三种：子大如拇指，长而锐，有类羊角，名羊角蕉，味最甘好；一种子大如鸡卵，有类牛乳，名牛乳蕉，微减羊角；一种大如藕，子长六七寸，形正方，少甘，最下也。其茎解散如丝，以灰练之，可纺绩为絺绤，谓之蕉葛。虽脆而好，黄白不如葛赤色也。交广俱有之。三辅黄图曰：汉武帝元鼎六年，破南越，建扶荔宫，以植所得奇草异木，有甘蕉二本。

甘蕉，看上去像一棵树，高大的有一围多粗。叶片有一丈或者七八尺长，宽一尺多或二尺多。花朵像酒杯一样大，形状和颜色都像芙蓉花。枝干末端摞着一百多个果实，各成集合，相互连接，味道甜美，也可以用蜜糖腌渍储存。根像是芋头，大的如车轴一般。果实随着花朵生长，每朵花能结一组果实，共六个，相互排列。果实的生长不是同时的，花朵的掉落也有先后。又名芭蕉，或巴苴。把果实的皮剥开，内里的颜色为浅黄或白色，味道像是葡萄，又甜又脆，能充饥。有三种类型：一种果实的大小像拇指，长而尖，像是羊角，名为羊角蕉，味道最甜；一种果实和鸡蛋一样大，又像牛乳，就叫作牛乳蕉，味道微微逊色于羊角蕉；还有一种像藕一样大，果实长六七寸，方形，也不甜，是最下一等。将甘蕉的茎干捣成细丝，加上石灰，可以纺织成葛布，叫作蕉葛。这种葛布虽然硬度高，质量好，不过颜色黄白，不像一般的红色葛布。交广（交州和广州，包括今天的广西、广东两省以及越南的部分地区）一带都有这种植物。《三辅黄图》中记载，汉武帝元鼎六年（公元前111年），打败南越国，建造扶荔宫，用来种植奇花异草，其中就有两株甘蕉。

贴士

古代的甘蕉是指芭蕉、香蕉或大蕉等种类繁多的可食用蕉类，古书上记录的羊角蕉、牛乳蕉等，很难与今天的香蕉品种一一对应。

而蕉葛这种织物，从汉代至清代都存在于岭南地区，甚至长期作为贡品送往都城。

除了文中记载的制作蕉葛的方法，另有一种说法：将蕉纤维与葛纤维混合之后制作出来的布，被称为“蕉葛”。

草

甘蕉

耶悉茗

yēxīmíng

耶悉茗花、末利花，皆胡人自西国移植于南海。南人怜其芳香，竞植之。陆贾南越行纪曰：南越之境，五谷无味，百花不香，此二花特芳香者，缘自胡国移至，不随水土而变。与夫橘北为枳异矣。彼之女子，以彩丝穿花心，以为首饰。

贴士

耶悉茗，在《酉阳杂俎》中写作“野悉蜜”，在《本草纲目》中记载为“素馨花”。

耶悉茗花、末利花，都是胡人从西方国家移植到南海郡（南海郡：秦朝设立，包括今广州的大部分地区）来的。南方人喜欢这种花的芳香，竞相种植。陆贾的《南越行纪》中记载，南越地域，五谷缺少滋味，各种花朵都没有香气，只有这两种花格外芬芳，是因为从外国移植，并没有因为水土环境的变化而变得不香。和橘生淮北则为枳的道理完全不同。

南方的女子，用彩色丝线穿过花心，用花串当作首饰。

草

素馨花

本书手绘图所标植物名称，经过现代学者考证的统一采用现代通用名称，未有明确考证的所标名称为《南方草木状》原文名称。

末利

mòlì

末利花，似蔷蘼之白者，香愈于耶悉茗。

茉莉花，像是白色的蔷薇或荼蘼花，香味比耶悉茗花还要浓郁。

贴士

茉莉花和耶悉茗都是外来物种，大约在汉晋时期被引入中国，因其香味沁人心脾，而被广泛种植。宋代以前主要风行于岭南地区，宋代开始逐渐推广到全国。许多诗词中都提到，岭南地区的人喜欢把茉莉花戴在头上或身上，作为装饰。

《本草纲目》中记载，茉莉可以用于制作面脂、头油等，润泽头发和皮肤，还能解除胸中的“一切陈腐之气”，但它的根是有毒性的，对人有麻痹作用，可以在治疗跌打损伤、接骨等外伤时，作为麻药使用。《本草纲目》有云：“根热，有毒。以酒磨一寸服，则昏迷一日乃醒；二寸二日，三寸三日。凡跌损骨节脱臼，接骨者用此，则不知痛也。”到了今天，茉莉花在制作药物和护肤用品等方面依然发挥着它的价值。

草

茉莉花

豆蔻花

dòukòuhuā

豆蔻花，其苗如芦，其叶似姜，其花作穗，嫩叶卷之而生。花微红，穗头深色，叶渐舒，花渐出。旧说此花食之破气消痰，进酒增倍。泰康二年，交州贡一篚，上试之有验，以赐近臣。

豆蔻花，它的幼苗如同芦苇，叶片像是姜叶，花呈穗状，被卷曲的嫩叶包裹生长。花朵微红，花穗尖端颜色较深，叶片渐渐舒展，花朵也纷纷探出。古话说这种花吃了可以破气消痰，让酒量大增。泰康二年（公元281年），交州（西晋时期的交州主要包括今越南中北部、广东雷州半岛和海南岛等地区）曾进贡一小筐，皇上亲自试过，确实有效，还赏赐给亲近的臣子。

贴士

在古代的文献中，有许多关于“豆蔻”的记载，还有无数诗词提及，例如“豆蔻花梢二月初”等。但是，关于豆蔻指代的植物，观点却并不一致，有白豆蔻、草豆蔻和红豆蔻等说法。

《南方草木状》记录的这一种，是开着红色花朵的红豆蔻，可能与艳山姜是类似植物。

草

红豆蔻

本书中原文植物名称为某一类植物总称而手绘图为该类具体某一种植物的，所标植物名称为具体植物名称。

山姜花

shānjiānghuā

山姜花，茎叶即姜也。根不堪食，于叶间吐花，作穗如麦粒，软红色。煎服之，治冷气甚效。出九真、交趾。

贴士

山姜花可以入药，《本草纲目》记载，山姜花及籽“主治调中下气，破冷气作痛，止霍乱，消食，杀酒毒”。

山姜的籽与草豆蔻的籽非常像，会出现以山姜冒充草豆蔻的情况。

山姜花，茎干和叶片与姜没有区别。根不能食用，花朵隐藏在叶片之间，像是麦粒的形状，组成穗子，嫩红色。煎煮后服用，可以治疗受寒的症状。多见于九真、交趾两郡（九真郡：西汉设立，位于今越南中部；交趾郡：西汉设立，位于今越南北部）。

草
华山姜

鹤草

hècǎo

鹤草，蔓生，其花麴尘色，浅紫蒂，叶如柳而短，当夏开花，形如飞鹤，嘴翅尾足，无所不备。出南海，云是媚草。上有虫，老蜕为蝶，赤黄色。女子藏之，谓之媚蝶，能致其夫怜爱。

鹤草，是藤蔓状的花草，花朵淡黄而金灿，花蒂呈浅紫色，叶近似柳叶，但更短。在夏季开花，花的形状如同飞舞的野鹤，嘴、翅、尾、足都一一具备。多见于南海郡，传说是一种媚草。上面生长着一种虫子，成年后蜕变为赤黄色的蝴蝶。

女子收集这种蝴蝶，称其为媚蝶，能让她们的丈夫对其怜爱。

贴士

在《岭表录异》之中也有鹤草的记录，记作“鹤子草”，晒干之后可以用来替代面靥（古代女子施在面颊上的装饰）使用，是南越一带女子喜好的装饰品。

草

鹤草

甘藷

gānshǔ

甘藷，盖薯蓣之类，或曰芋之类，根叶亦如芋，实如拳，有大如瓯者。皮紫而肉白，蒸鬻食之，味如薯蓣，性不甚冷。旧珠崖之地，海中之人，皆不业耕稼，惟掘地种甘藷。秋熟收之，蒸晒切如米粒，仓圌贮之，以充粮糗，是名藷粮。北方人至者，或盛具牛豕脍炙，而末以甘藷荐之，若粳粟然。大抵南人二毛者，百无一二，惟海中之人，寿百余岁者，由不食五谷，而食甘藷故尔。

甘藷，大概是山药或芋艿一类的植物，根茎和叶片也与芋艿相似，果实像拳头一样大，甚至有长到瓦罐大小的。表皮呈紫色，肉为白色。蒸煮后食用，味道和山药一样，药性不太寒。从前珠崖（珠崖郡：西汉设立，位于今海南琼山县东南）一带，打鱼为生的人们，几乎不从事耕种，只是挖地种植甘藷。秋季甘藷自然成熟，就挖出来，经过蒸熟晒干，切成米粒状，储存起来，作为粮食，叫作藷粮。北方的人到了这里，就以烤猪牛肉款待，用甘藷搭配着吃，就像吃稻米一样。原来南方人普遍寿命不长，能活到两鬓斑白的，百人之中也没有一两个，只有海边的这些人，常有百岁老人，就是因为他们不吃五谷，而常吃甘藷。

贴士

甘藷也就是甘薯，也叫地瓜、番薯、红薯、白薯、红苕等，有许多种类，可以作为粮食食用，也能入药，《本草纲目》说它“气味甘、平、无毒。主治补虚乏，益气力，健脾胃，强肾阴”。可见食用甘藷确实有利于人们保持健康，但文中所说的百岁老人现象，一方面是因为甘藷作为粗粮，确实对人体有益；另一方面则说明，甘藷补充了岭南地区的粮食，让当地饥荒灾害减少，由此人口基数较大，百岁老人自然也就比较多。

草

甘薯

水莲

shuǐlián

花之美者，
有水莲，
如莲而茎紫，
柔而无刺。

在美丽的鲜花中，有一种叫作水莲，外表就像莲花，但花茎是紫色的，柔美且没有尖刺。

贴士

水莲，也就是睡莲。古人记载这是一种美丽的莲花，有多种颜色，白天开放，夜间就会缩入水下，直到太阳再次升起，才会重现于水面之上。实际上，水莲的花朵在夜间只会合拢，授粉之后才会沉入水下。在清代，水莲可作为蔬菜食用，也能入药，在《本草纲目拾遗》中记为“子午莲”，煎汤服用，可以治疗小儿急慢、惊风。

草

睡莲

水蕉

shuǐjiāo

水蕉，如鹿葱，或紫或黄。吴永安中，孙休尝遣使取二花，终不可致，但图画以进。

贴士

水蕉究竟是何种植物，尚存在争议，因为古代文献中对水蕉的记录非常少，而本书对水蕉的描述又过于简略，只能从状似“鹿葱”这个角度猜测，水蕉有可能是美人蕉一类的花木。当然，也有学者提出水蕉可能属于石蒜一类，但这两种猜想都存在问题，未能完全符合本书的描述。

水蕉，长得像鹿葱，花朵有紫色和黄色两种。三国时期吴国永安年间（公元258—264年），吴王孙休曾派遣使者寻找两种花木，但最终没能找到，只能献上两种花的画像。

草
水焦

蒟酱

jǔjiàng

蒟酱，荜茇也。生于蕃国者，大而紫，谓之荜茇；生于番禺者，小而青，谓之蒟焉。可以调食，故谓之酱焉。交趾、九真人家多种，蔓生。

蒟酱，也就是荜茇。在偏远的异国生长，枝干高大，颜色发紫的叫作荜茇；在南方番禺（番禺县：秦朝设立，位于今广州中南部）生长，枝干细小发青的，叫作蒟酱。因为可以给食物调味，所以称为“酱”。交趾、九真地区的人家大多种植蒟酱，是一种藤蔓植物。

贴士

蒟酱和荜茇并不是同一种植物。蒟酱又叫扶留藤，在《唐本草》中记载有“辛温，无毒，主下气，温中破痰积”的功效，而且味道辛香，常和槟榔、牡蛎灰配合咀嚼，味道最佳。

而荜茇的味道比蒟酱更为辛烈，《开宝本草》中说：“荜茇味辛大温，无毒。主温中下气，补腰脚，杀腥气，消食，除胃冷阴疝，痃癖。”荜茇和蒟酱都是胡椒属植物，而且味道和功用也比较相似，可能因此会被误认为同一种植物。

草

蒟酱

菖蒲

chāngpú

菖蒲，
番禺东有涧，
涧中生菖蒲，
皆一寸九节。
安期生采服仙去，
但留玉舄焉。

菖蒲，番禺东部有一条溪涧，其中长满了菖蒲，根都是一寸中分出九节的。传说安期生采服菖蒲升仙而去，只留下一只玉鞋子。

贴士

安期生是古代的一个修仙方士，关于他的记载最早见于《史记》。按照记载，他是战国时期的人，有不少神异事迹，并且真的修成正果，升仙而去了。在后来的《列仙传》《神仙传》《抱朴子》等多部古籍中都有提到他，且都说他在罗浮山中的菖蒲涧，采食菖蒲，才得道成仙。

因此，古人将菖蒲视为一种延年益寿的神药，还有非常完备的挑选标准和炮制方式。实际上，菖蒲在中医当中的作用是镇静、抗惊厥、增强记忆以及抗气管收缩等。

草

菖蒲

留求子

liúqiúzǐ

留求子，形如栀子，稜瓣深而两头尖，似诃棃勒而轻，及半黄已熟，中有肉白色。甘如枣，核大，治婴孺之疾。南海、交趾俱有之。

贴士

留求子也叫使君子，还有留球子、冬均子、水君子等别名。宋代的《开宝本草》中记载它“味甘温，无毒。主小儿五疳，小便白浊，杀虫，疗泻痢。生交广等州”。

留求子，形状像是栀子花，两头尖尖，瓣上有棱，与诃棃勒相似但更轻，到颜色半黄时就已成熟，中间为肉白色。味道甘甜如枣，核较大，可以治疗婴孩的虫病。南海、交趾一带都有。

草
留求子

诸蔗

zhūzhè

诸蔗，一曰甘蔗。交趾所生者，围数寸，长丈余，颇似竹。断而食之甚甘。笮取其汁，曝数日成饴，入口消释，彼人谓之石蜜。吴孙亮使黄门以银碗并盖，就中藏吏取交州所献甘蔗饧，黄门先恨藏吏，以鼠屎投饧中，启言吏不谨。亮呼吏持饧器入。问曰：『此器既盖之，且有油覆，无缘有此，黄门将有恨汝？』吏叩头曰：『尝从臣求莞席，臣以席有数，不敢与。』亮曰：『必是此。』问之具服。南人云：『甘蔗可消酒，又名干蔗。』司马相如乐歌曰：『太尊蔗浆析朝酲』是其义也。泰康六年，扶南国贡诸蔗，一丈三节。

贴士

汉代杨孚《异物志》中说："甘蔗，远近皆有，交趾所产特醇好，本末无薄厚，其味至均。围数寸，长丈余，颇似竹，斩而食之，既甘；迮取汁为饴饧，名之曰糖。"从古至今，甘蔗都是制糖的主要原料。

诸蔗，也叫甘蔗。在交趾一带生长的甘蔗，有好几寸粗，一丈多长，有些像竹子。砍来食用，味道很甜，榨取甘蔗汁，暴晒几天后就形成饴糖，入口即化，当地人把它叫作石蜜。

三国时期吴王孙亮曾令宦官带着一个有盖的银碗，去找中藏吏取交州（三国时期的交州主要包括今越南中部和北部、广东雷州半岛、广西南部等地区）进贡的甘蔗糖稀，宦官与藏吏有过节，于是在糖稀中投入老鼠屎，并向吴王告状，陷害藏吏管理不严谨。孙亮命令藏吏带着盛放糖稀的容器来见他，问道："这个容器盖得很严密，外面又有油密封，不可能漏进老鼠屎，是不是宦官记恨于你？"藏吏叩头说："他曾经找我讨要菀草席，我因为席数有限，没有给他。"孙亮说："一定是因为这个。"随后质问宦官，宦官果然承认。

南方人说："甘蔗可以消除酒气，又名干蔗。"司马相如在乐歌中描述的"太尊蔗浆析朝酲"就是这个意思。泰康六年（公元285年），扶南国（扶南国：公元1世纪建国，位于中南半岛）进贡的诸蔗，长一丈，分三节。

草

甘蔗

草麴

cǎoqū

南海多美酒，不用麴蘖，但杵米粉，杂以众草叶，冶葛汁滫溲之，大如卵，置蓬蒿中，荫蔽之，经月而成。用此合糯为酒。故剧饮之，既醒，犹头热涔涔，以其有毒草故也。南人有女数岁，即大酿酒。既漉，候冬陂池竭时，寘酒罂中，密固其上，瘗陂中。至春潴水满，亦不复发矣。女将嫁，乃发陂取酒，以供贺客，谓之女酒，其味绝美。

贴士

蘖：发芽的米，即酒曲。

使用谷物酿酒可以追溯到距今9000年的远古时期。

除了谷物之外，果实或草药等都可以做成酒曲。

南海郡多美酒，不用酒曲，而是用杵研米为粉末，掺上各种草叶，加入葛汁使其发酵，团成鸡蛋大小，放在草丛阴凉处，静置几个月就做成了草曲。用它和糯米酿成酒。饮用后哪怕酒醒，头仍然发热出汗，因为其中有毒草的成分。

南方人家中有女儿的，在女儿几岁大时，就开始酿酒，在冬天池塘干涸的时候，装进酒坛密封，埋在池塘底。到了春天水满的时候，也不挖出来。直到女儿即将出嫁，才挖出酒坛，款待客人，称为女酒，味道极好。

草

草麴

芒茅

mángmáo

芒茅枯时，瘴疫大作，交广皆尔也。土人呼曰黄茅瘴，又曰黄芒瘴。

芒茅枯萎的时节，瘴疫会大规模流行，交广一带都是这样。当地人称作黄茅瘴，又叫黄芒瘴。

贴士

芒草和茅草其实是两种不同的植物，常见的茅草有白茅和黄茅，而芒草别名有“杜荣”和“笆芒”，但在本节原文中作为同种植物，可能是泛指一类枯黄时容易出现瘴疟流行的禾本植物。

瘴气经常被认为是热带或亚热带山林中的湿热空气。主要成因是动植物腐烂后产生毒气。但实际上，瘴气是带有疟疾等恶性病菌的蚊虫群飞造成的感染病症。这些蚊虫肆虐的时间与茅芒枯萎的时节相近，由此才出现了“黄茅瘴”等名称。古人在对瘴气认知不深的时候，常常认为是山林中存在鬼魅，才致使人得病或丧命。

草

芒草

肥马草

féimǎcǎo

南方冬无积藁，濒海郡邑多马，有草叶类梧桐而厚，取以秣马，谓之肥马草。马颇嗜而食，果肥壮矣。

贴士

目前为止，还没确定肥马草究竟对应哪一种植物，有人认为是茭白，也有人认为是野葛。

南方的冬天没有蒿草囤积，临海的郡县多养马，有一种草，叶片类似梧桐叶但更厚，用来喂马，被叫作肥马草。马也偏爱这种食物，吃了果然又肥又壮。

草

野葛

冬叶

dōngyè

冬叶，姜叶也。苞苴物，交广皆用之。南方地热，物易腐败，惟冬叶藏之，乃可持久。

冬叶，外形像姜叶。是用来包裹食物的，交州和广州一带都会使用。南方气候炎热，食物容易腐败，只有用冬叶包裹储藏，才能长久保存。

贴士

冬叶即柊叶，叶片的形状像芭蕉叶。在古代岭南，对柊叶的使用非常广泛。鲜叶可以用来包粽子，而干叶可以用于储存食物、封闭容器口、垫柱基，甚至是打磨象牙制品等。

草

柊叶

蒲葵

púkuí

蒲葵，

如栟榈而柔薄，

可为葵笠，

出龙川。

贴士

蒲葵可以制作葵扇和葵笠。唐宋以来有许多诗词都吟咏过它们，从中可见岭南种植蒲葵的盛况。

蒲葵也可入药，《本草纲目》记载："烧灰酒服一钱，止盗汗，及妇人血崩，月水不断。"

蒲葵，类似棕榈叶，但更柔软纤薄，可以制作斗笠，多见于龙川（龙川县：秦朝设立，位于今广东省东北部）。

草

蒲葵

乞力伽

qǐ lìgā

药有乞力伽，术也。濒海所产。一根有至数斤者。刘涓子取以作煎，令可丸，饵之长生。

草药中有一种叫作乞力伽，也就是术。临海地区多有出产。一根的重量可以达到数斤。古代修仙人刘涓子曾取来煎煮，做成丸药，吃了可以长生。

贴士

术有苍术和白术等不同种类，是一种多年生草本植物，其根茎可以入药，为运脾药，性味苦温辛烈，有燥湿、化浊、止痛之效。

汉代就有相关书籍记载食用术来修仙的传说，还衍生出许多神仙人物的故事，本节原文提到的“刘涓子”就有多个可能对应的人物，具体是谁尚未确定。

乞力伽

赪桐

chēngtóng

赪桐花，岭南处处有，自初夏生至秋，盖草也。叶如桐，其花连枝萼，皆深红之极者。俗呼贞桐花，贞音讹也。

贴士

赪桐花又名贞桐花、百日红、状元红。陆游诗道："唤起十年闽岭梦，赪桐花畔见红蕉。"自注："赪桐，嘉州谓之百日红。"

赪桐花，在岭南地区到处都有，从初夏开始生长，到了秋天就枯萎，大概是一种草本植物吧。它的叶子就像梧桐叶，花朵、花萼和花枝都是深红色的。

平常人们都把它叫作贞桐花，贞是对赪的误读。

赪桐

水葱

shuǐcōng

水葱，花、叶皆如鹿葱。花色有红、黄、紫三种，出始兴。妇人怀妊，佩其花生男者，即此花，非鹿葱也。交广人佩之极有验。然其土多男，不厌女子，故不常佩也。

贴士

据《本草纲目》所载，此处记载的水葱可能是萱草，萱草和鹿葱都是百合目植物，外形有相似之处。萱草有“宜男草”的别名，在许多古籍和诗词中都有记载。

水葱，花和叶子都和鹿葱一样。花的颜色有红、黄、紫三种，多见于岭南始兴（始兴县：三国时期东吴设立，位于今广东省北部）一带。

妇女怀孕，佩戴这种花就能生男孩，这种花就是指水葱花，而不是鹿葱。交广一带的人佩戴过，非常灵验。但是当地多男子，人们并不厌恶女儿，所以不常佩戴。

草

水葱

芜青

wúqīng

芜青，岭峤已南俱无之。偶有，士人因官，携种就彼种之，出地则变为芥，亦橘种江北为枳之义也。至曲江方有菘，彼人谓之秦菘。

贴士

芜青也就是芜菁，和萝卜同属于十字花科，在外形、食用和药用的价值上都有相似之处。但在本节原文中所提到的“芥”和“菘”分别代表雪里蕻和白菜一类的植物，与芜菁并无关联。由于芜菁是北方植物，移植到南方有可能造成块根不发达的情况，因此被古人误认为变成了芥或菘。

芜青，在岭峤以南（岭峤：越城、都庞、萌渚、骑田、大庾等五岭的别称。岭峤以南即指代两广地区）基本没有，偶然出现，也是因为有官员在调职的过程中，携带种子到那里种植，但长出来却变成了芥，就如同柑橘种到江北就变成了枳一样。

到了曲江（曲江县：西汉设立，位于今广东省韶关市南部）才有菘这种植物，当地人称之为秦菘。

草

芜青、菘

茄

qié

茄树，交广草木，经冬不衰，故蔬圃之中种茄，宿根有三五年者。渐长，枝干乃成大树。每夏秋盛熟，则梯树采之。五年后树老子稀，即伐去之，别栽嫩者。

贴士

茄是小灌木，不会长成大树，不过有一些品种经过长期栽培有可能发生变异，确实会长得异常高大。但用梯子采摘显然是一种夸张。

茄子，是交广地区的植物，经历冬天也不会枯死，因此在蔬菜园中种植的茄子，根茎能保留三到五年。随着生长，枝干会渐渐长成大树。

每年夏秋时节茄子成熟，就踩着梯子采摘。五年后树干老了，结的果实也较为稀少，就砍去旧树，另外栽种新苗。

草

茄

绰菜

chuòcài

绰菜，夏生于池沼间，叶类茨菰，根如藕条。南海人食之，云令人思睡，呼为瞑菜。

贴士

瞑菜也就是睡菜，别名还有“醉草”“懒妇箴”等，《本草纲目》记载其“味甘，微苦，寒，无毒。主治心膈邪热不得眠”。

绰菜，夏天在池塘泥泞处生长，叶子类似茨菰，根则像莲藕。南海人食用后，说是有令人想睡的功效，就把它叫作瞑菜。

草

绰菜

蕹

wèng

蕹，叶如落葵而小，性冷味甘，南人编苇为筏，作小孔浮于水上。种子于水中，则如萍根浮水面。及长，茎叶皆出于苇筏孔中，随水上下，南方之奇蔬也。冶葛有大毒，以蕹汁滴其苗，当时萎死。世传魏武能噉冶葛至一尺，云先食此菜。

贴士

根据《本草纲目》记载，蕹菜入药，主治冶葛中毒，另外还能治难产。它有两种栽培方式，南方一般种在水中，茎干比北方旱地种植的蕹菜粗壮，叶片也更加肥大。

蕹，它的叶子像落葵，但更小，物性偏寒，味道甜。南方人把芦苇编成小筏，在上面钻出小孔，让它浮在水面上。然后在水里撒上种子，蕹就像浮萍一样浮在水面生长，长大后茎叶都从苇筏的小孔中钻出来，随着水波起伏，这就是南方的奇特植物。

冶葛的毒性很强，但用蕹的汁液滴到冶葛的幼苗上，则立刻枯萎。世上传说魏武帝曹操能吃下一尺长的冶葛而不死，应当是先吃了蕹菜。

草

蕹

冶葛

yěgě

冶葛，毒草也。蔓生，叶如罗勒，光而厚，一名胡蔓草。寘毒者，多杂以生蔬进之。悟者速以药解。不尔，半日辄死。山羊食其苗，即肥而大。亦如鼠食巴豆，其大如㹠，盖物类有相伏也。

贴士

冶葛具有毒性，别名为“野葛”“钩吻”“毒根”“胡蔓草”等，汉代就有记载。它还有一个流传于各种武侠小说的名字——断肠草。

冶葛，是一种毒草。

藤蔓植物，叶片近似罗勒，表面光滑有厚度，又名胡蔓草。如果吃进的生蔬中夹杂了这种毒物，发现的人须立即服下解毒的药物，否则，半天时间就会死亡。但山羊吃了，不仅不会中毒，反而又肥又大。就像老鼠吃巴豆，能长得像小猪一样大，这大概就是事物的相生相克吧。

草

冶葛

吉利草

jílìcǎo

吉利草，其茎如金钗股。形类石斛，根类芍药。交广俚俗多畜蛊毒，惟此草解之极验。吴黄武中，江夏李俣以罪徙合浦，始入境，遇毒。其奴吉利者，偶得是草，与俣服，遂解。吉利即遁去，不知所之。俣因此济人，不知其数，遂以吉利为名。岂李俣者，徙非其罪，或俣自有隐德，神明启吉利者救之耶。

贴士

《本草纲目》描述金钗石斛时说："其茎状如金钗之股，故古有金钗石斛之称。今蜀人栽之，呼为金钗花。"与本节原文极相似。

吉利草，其茎干像金钗股，外形类似石斛，根类似芍药。交广地带多养蛊毒，只有这种草药解毒极为灵验。三国时期吴国黄武年间（公元222—229年），江夏（江夏郡：西汉设立，位于今武汉南部）的李俣因犯罪被流放到合浦（合浦郡：西汉设立，位于今广西南部，三国时期属于东吴辖地），刚刚入境，就中了蛊毒。他有一个名叫吉利的仆人，偶然间得到了这种草药，让李俣服下，很快就解了毒。随后吉利就离开了，下落不明。

李俣后来用这种草药救了许多人，数也数不清，于是就用吉利的名字命名这种药草。难道是李俣被人陷害才致流放？或者他有什么不为人知的功德，神明于是安排了吉利这样一个人去搭救他。

草

金钗石斛

良耀草

liáng yào cǎo

良耀草，枝叶如麻黄，秋结子如小粟，煨食之，解毒，功用亚于吉利。始者有得是药者，梁氏之子耀，亦以为名，梁转为良尔。花白似牛李，出高凉。

贴士

目前有学者考证，良耀草可能是指石斛属植物或兰科植物钗子股。

良耀草，枝叶像是麻黄，秋天结出果实像粟米一样小，用火烤熟后有解毒的功效，效力略微不如吉利草。最初发现这种药的人，是梁家的公子梁耀，就以他的名字命名。后来“梁”误传成“良”。

花朵像牛李一样白，多见于高凉郡（高凉郡：西汉设立，位于今广东省高州市东北部）。

草

钗子股

蕙草

huìcǎo

蕙草，一名薰草，叶如麻，两两相对，气如蘼芜，可以止疠，出南海。

贴士

薰草在《山海经》中就有记载，是一种香草，大多数人认为它是指零陵香，即报春花科植物灵香草。

例如北宋沈括的《补笔谈》中就有记载："零陵香，本名蕙。唐人谓之铃铃香，亦谓之铃子香。谓花倒悬枝间，如小铃也。"但是灵香草并不符合文中所写叶片"两两相对"的描述，因此也有现代学者将薰草解释为罗勒或广藿香，但都不能严丝合缝地贴合文中描述的蕙草。

蕙草，也叫薰草，叶片似黄麻，两两相对而生，气味香如蘼芜，可以防止传染病，多见于南海郡。

草

灵香草

木类

枫人

fēngrén

枫人，五岭之间多枫木，岁久则生瘤瘿。一夕遇暴雷骤雨，其树赘暗长三五尺，谓之枫人。越巫取之作术，有通神之验，取之不以法，则能化去。

枫人，五岭地区（广东五岭：即越城岭、都庞岭、萌渚岭、骑田岭、大庾岭）多长枫树，时间久了就会长出树瘤。一旦夜里遇到雷雨，树瘤会突然长长三五尺，被称为枫人。

南越之地的巫师将枫人截下来作法，有通神的效果。但如果收取的方式不对，枫人就会消散而去。

贴士

枫人是流行于岭南地区的传说。《述异记》中就有记载：“南中有枫子鬼，枫木之老者，为人形，亦呼为‘灵枫’。”其流传之盛，可以从许多诗词和典籍之中发现，“枫人”和“枫子鬼”都是常用的典故。

目前存在两种解释，一种认为枫人是寄生在枫树上的扁枝槲寄生；另一种则认为是枫树受到损伤后形成的树瘤。晋代张僧鉴在《浔阳记》中提到，枫子鬼有人形和面部，但无手臂腿脚的形状，而在雷雨中突然长大，则并不科学。

木

枫人

枫香

fēngxiāng

枫香，树似白杨，叶圆而歧分，有脂而香。其子大如鸭卵，二月华发，乃着实，八九月熟，曝干可烧。惟九真郡有之。

贴士

枫香树的树脂、果实都可以入药。树脂称为“枫香脂”或“白胶香”，唐代的《新修本草》说它“主瘾疹风痒、浮肿、齿痛”。果实则有“枫实”“枫果”“槭子”“路路通”等名称，《本草纲目拾遗》记载它能“辟瘴却瘟，明目除湿，舒经络拘挛”。

枫香，树干像白杨，叶片较圆有分叉，有树脂而且带有香味。它的果实有鸭蛋那么大，二月开花，然后就开始结果，八九月份成熟。晒干的果子可以作为燃料。仅见于九真郡。

木
枫香

薰陆香

xūnlùxiāng

薰陆香，出大秦。在海边，有大树，枝叶正如古松，生于沙中。盛夏，树胶流出沙上，方采之。

贴士

薰陆香是在古早时期就传入我国的外来香药，在《抱朴子》等一系列古籍中都有记载，然而古人并未见过真正出产薰陆香的树木，往往根据自己的想象，对薰陆香的产地、树木形貌、功效等都有不同的记述，因此也存在许多错误。

在很长一段时间内，人们相信薰陆香与乳香是同一种香料。

薰陆香，来自大秦国（大秦国：指古东罗马帝国，即拜占庭帝国，在中国古代典籍中，也被记录为“拂林国”“海西”等）。这种香料来自于海边的大树，树枝树叶和古松一样，在沙地上生长。

盛夏时，树脂流出到沙地上，采集起来就能制成薰陆香。

木

薰陆香

榕树

róngshù

榕树，南海、桂林多植之。叶如木麻，实如冬青。树干拳曲，是不可以为器也；其本棱理而深，是不可以为材也；烧之无焰，是不可以为薪也。以其不材，故能久而无伤。其荫十亩，故人以为息焉。而又枝条既繁，叶又茂细，软条如藤，垂下渐渐及地，藤梢入土，便生根节。或一大株，有根四五处，而横枝及邻树，即连理。南人以为常，不谓之瑞木。

贴士

榕树的生长范围仅限于南方地区，因此较少被古代典籍记述，直到明末，才被收入医书药典之中。一直到今天，榕树的树叶、根须、树皮、果实及树脂仍被作为民间药物使用。

榕树，南海郡、桂林郡（桂林郡：秦朝设立，包括今广西、广东两省的部分地区）多有种植。叶片像是木麻，果实与冬青木的相似。树干蜷曲，因此不能用来做器具；树干的纹理很深，因此不能当作建筑的梁柱；用火烧也没有火焰，因此不能作为柴火。但因为它没有用处，才能毫无损伤地生长很久。树荫能延伸十亩地，因此人可以在其下休憩。它的枝条繁茂，叶子细密，伸出藤条垂向地面，藤条末端进入泥土，就能生根。有的榕树主干极粗，有四五组根，树枝横生到旁边的树上，就交缠在一起。

南方人认为榕树很常见，不认为它是祥瑞的树木。

木

榕树

益智子

yìzhìzǐ

益智子，如笔毫，长七八分，二月花，色如莲，着实，五六月熟，味辛，杂五味中，芬芳，亦可盐曝。出交趾、合浦。建安八年，交州刺史张津，尝以益智子粽饷魏武帝。

贴士

对益智子的认识由来已久，《山海经》中就有记录，自东汉以来，各类典籍对其都有记述，还常常被诗人吟咏。

益智子，形状像毛笔的笔尖，长七八分，二月开花，颜色像莲花一样，花落结果，五六月间成熟，味道辛辣，加入各种食物中都很香，也可以加盐晒干。出自交趾、合浦两地。

三国时建安八年（公元203年），交州刺史张津，曾把益智子馅的粽子赠送给魏武帝曹操食用。

木

益智子

桂

guì

桂出合浦，生必以高山之巅，冬夏常青。其类自为林，间无杂树。交趾置桂园。桂有三种：叶如柏叶，皮赤者，为丹桂；叶似柿叶者，为菌桂；其叶似枇杷叶者，为牡桂。三辅黄图曰：甘泉宫南有昆明池，池中有灵波殿，以桂为柱，风来自香。

桂树发源自合浦郡，只在高山顶端生长，从冬天到夏天都郁郁葱葱。自然长成桂树林，其中没有其他树木。交趾郡设立了一个桂园。

桂树有三个品种：叶子像柏树叶，树皮发红的，叫作丹桂；叶子类似柿树叶的，叫作菌桂；叶子类似枇杷树叶的，叫作牡桂。

《三辅黄图》记载，甘泉宫的南方有个昆明池，池中建了一座灵波殿，用桂木做柱子，风吹过就会传来香气。

贴士

桂树是一种古老的植物，而且生长范围较广，《山海经》的《南山经》《西山经》等都记载了有桂树生长的山地。《楚辞》之中也常有吟咏桂的语句。

现代人们口语中所说的“桂”大多指的是“桂花树”，也就是木犀属的多种植物。而本段文字中所描述的应当为“肉桂”，属于樟科樟属，常用于制作香料或药材的“桂皮”就来自它。

《尔雅》记载：“梫，木桂。”郭璞注：“今人呼桂皮厚者为‘木桂’及单名‘桂’者是也。一名‘肉桂’，一名‘桂枝’，一名‘桂心’。”丹桂、菌桂和牡桂在多部古代医书中都有不同记载，可能存在更多的桂木品种，但在记述上存在混乱的情况。

木

肉桂

朱槿

zhūjǐn

朱槿花，茎叶皆如桑，叶光而厚。树高止四五尺，而枝叶婆娑，自二月开花，至中冬即歇。其花深红色，五出，大如蜀葵，有蕊一条长于花叶，上缀金屑，日光所烁，疑若焰生。一丛之上，日开数百朵，朝开暮落，插枝即活，出高凉郡。一名赤槿，一名日及。

朱槿花，茎叶都像桑树，叶片又厚又光滑。树只有四五尺高，枝叶稀疏，在二月开花，到仲冬就花落。花朵为深红色，五片花瓣，和蜀葵一样大，有一根长出花叶的花蕊，上面有点点金色，照到日光时，好似被点燃一样。一丛枝叶上，一天能开放几百朵花，清晨开花而黄昏凋落，一根枝条插到土里就能成活，多见于高凉郡。又名赤槿、日及。

贴士

朱槿有许多别名，如佛桑、日及、舜英、扶桑等，《本草纲目》记载它“叶及花气味甘，平，无毒。主治痈疽腮肿，取叶或花同白芙蓉叶、牛蒡叶、白蜜研膏敷之，即散”。但有一些药书说，用朱槿花蒸米饭或浸酒食用，有“悦颜益寿”的功效。

木

朱槿

指甲花

zhǐjiahuā

指甲花，其树高五六尺，枝条柔弱，叶如嫩榆，与耶悉茗、末利花皆雪白，而香不相上下。亦胡人自大秦国移植于南海。而此花极繁细，才如半米粒许，彼人多折置襟袖间，盖资其芬馥尔。一名散沫花。

贴士

本节记录的指甲花只有白色这一种，其实指甲花还有红色、黄色等，除了放在衣袖间作为熏香使用，还可以用来染指甲。

指甲花，树高五六尺，树枝较柔软，叶片像是新嫩的榆树叶，和耶悉茗花、末利花一样都是雪白的，香味不相上下。也是胡人从大秦国带来，移植到南海郡的。

这花非常细小，只有半颗米粒大，那里的人经常折下花放在衣襟或袖子里，大概是喜好它的香味。又名散沫花。

木
指甲花

木

贴士

作为香料的沉香是一种含有树脂的木材，出产自瑞香科沉香属白木香，也叫作土沉香、女儿香、莞香，是一种南方的高大乔木。取自不同部位的香料，具有不同的名称，所以有沉香、鸡骨香、黄熟香、栈香、青桂香、马蹄香等多个品类，但唯有鸡舌香并不是蜜香树的花或果实，而是丁香的果实。

这八种物品，都从同一种树上来。交趾郡有一种蜜香树，树干像柜柳，开的花又白又多，叶片类似橘树叶。如果想取香料，需要砍下生长了许多年的蜜香树，它的根茎和枝节，颜色各不相同。树心和枝节坚硬发黑，放到水中会下沉的叫作沉香；半沉不沉，和水面平齐的叫作鸡骨香；取根制成的叫黄熟香；树干是栈香；细枝质地紧密未烂的是青桂香；根节又大又轻的是马蹄香；花不香，只有果实能制成香料的，为鸡舌香。

真是珍稀的奇木啊。

案此八物，同出于一树也。交趾有蜜香树，干似柜柳，其花白而繁，其叶如橘。欲取香，伐之经年，其根干枝节，各有别色也。木心与节坚黑、沉水者为沉香；与水面平者为鸡骨香；其根为黄熟香；其干为栈香；细枝紧实未烂者为青桂香；其根节轻而大者为马蹄香；其花不香，成实乃香，为鸡舌香。珍异之木也。

蜜香 mìxiāng

沉香 chénxiāng

鸡骨香 jīgǔxiāng

黄熟香 huángshúxiāng

栈香 zhànxiāng

青桂香 qīngguìxiāng

马蹄香 mǎtíxiāng

鸡舌香 jīshéxiāng

桄榔

guānglάng

桄榔，树似栟榈，其皮可作绠，得水则柔韧。胡人以此联木为舟。皮中有屑如面，多者至数斛，食之与常面无异。木性如竹，紫黑色，有文理，工人解之，以制奕枰，出九真、交趾。

贴士

古代文献对桄榔的称呼非常多，有莎木、橐、都勾、面木、董棕、铁木、山椰子等。除了本节原文中所说的磨粉食用、制作棋盘、编成绳索以外，桄榔还可以用来制糖、入药。

桄榔，树的形貌类似栟榈，它的皮可以用来制作绳索，放入水中就会变得十分柔韧。

胡人用这种绳子把木头绑在一起做成船。树皮内部有面粉似的粉末，最多可以有几十斗的量，吃起来与寻常的面食没有区别。树木生长方式类似竹子，呈紫黑色，有纹理。工匠把树干剖开，可以制作棋盘。多见于九真、交趾两郡。

木

桄榔

诃梨勒

hēlílè

诃梨勒，树似木梡，花白，子形如橄榄，六路，皮肉相着。可作饮，变白髭发令黑，出九真。

诃梨勒，树似木梡树，开白花，果实与橄榄相似，有六条钝棱，皮和果肉相连。可以制成饮品，喝了能让白发和胡须变黑，多见于九真郡。

贴士

诃梨勒是梵语音译，是生长在亚洲热带的一种常绿乔木，从其名称推测，有可能是从印度传入我国南方的，在古籍中还有“诃子”“诃梨”等名称。

诃梨勒入药，主要用于治疗久泻久痢、脱肛、喘咳痰嗽、咽喉肿痛等，用来泡茶也主要是起到保健作用，并没有原文中所写可以使发须变黑的作用。

木

诃梨勒

苏枋

sūfāng

苏枋，树类槐花，黑子，出九真。南人以染绛，渍以大庾之水，则色愈深。

贴士

苏枋即为苏方，别称有苏木、苏方木、红紫、赤木等。它的枝干可以提取红色染料，根部能提取黄色染料。除此之外，它还有药用价值，其心材具有祛痰、止痛、活血、散风的功效。

苏枋，树的外形类似槐树，结的籽是黑色的，多见于九真郡。南方人用它作为绛红色的染料，用大庾岭地区的水（指发源于大庾岭南流入粤的浈江）浸泡，染上的颜色更深。

木

苏枋

水松

shuǐsōng

水松，叶如桧而细长，出南海，土产众香，而此木不大香，故彼人无佩服者。岭北人极爱之，然其香殊胜在南方时。植物无情者也，不香于彼，而香于此，岂屈于不知己，而伸于知己者欤！物理之难穷如此。

贴士

水松是我国独有的植物，属于国家一级保护植物，主要分布在长江以南地区，在《山海经》中被记录为"櫻"。

水松的树形优美，可以栽种在庭院中作为观赏树种，也可以加固堤岸，防治风沙，其枝叶、果实和树皮都可以入药。

水松，叶似桧树但更细长，多见于南海郡，当地盛产香料，但这种树不太香，所以没有人会佩戴水松制品。

而岭北人却非常喜欢，因为那里的水松香气胜过南方的水松。

植物是没有意识的，不在南方发香，却在北方发香，难道不是在不喜欢自己的人面前一无是处，在喜欢自己的人面前尽展所长！世上的事物真是难以参透穷尽啊。

木

水松

刺桐

cìtóng

刺桐，其木为材。三月三时，布叶繁密，后有花赤色，间生叶间，旁照他物，皆朱殷。然三五房凋，则三五复发，如是者竟岁。九真有之。

贴士

刺桐也叫作“海桐”“山芙蓉”“空桐树”等，其树皮和根皮可以入药，有祛风湿，舒筋通络，治风湿麻木、腰腿筋骨疼痛等作用，而且对横纹肌有松弛作用，对中枢神经有镇静作用。但是刺桐的树皮具有毒性，过量就会麻痹神经。

刺桐，树干可以用作木材。每年三月三的时候，枝叶茂盛，在叶间开出红色的小花，映得满树满山都是红彤彤的。

若有三五朵花凋谢了，又会有三五朵新花开放，就这样交替开花一整年。多见于九真郡。

木

刺桐

櫂

zhào

櫂树，干叶俱似椿，以其叶鬻汁渍果，呼为櫂汁。若以櫂汁杂彘肉食者，即时为雷震死。櫂出高凉郡。

櫂树，茎干和枝叶都像椿树，用櫂树叶煮汁浸泡水果，叫作櫂汁。如果用櫂汁伴着猪肉吃，立即会被雷电震死。櫂树原产于高凉郡。

贴士

吃了猪肉和櫂汁就会被雷劈这样的事，显然是无稽之谈。不过广东湛江有一个雷州市，雷州之名由来已久，据说就是因为当地多雷才得名。从古至今，岭南地区都有许多雷暴伤人的情况，也许是因为这种情况发生得太过频繁，而古人又将雷暴进行了神化，才形成了这种饮食不当会招致雷击的观念。

根据学者研究，櫂树有可能是香椿或印度楝，而中医认为香椿和猪肉是不能一起食用的，据《本草纲目》记载，唐代的孟诜有言，认为椿芽与猪肉、热面经常一同食用，会导致“壅经络”的症状，即令人神智昏、血气微等。

棹树

杉

shān

杉，一名披黏。合浦东二百里，有杉一树。汉安帝永初五年春，叶落，随风飘入洛阳城，其叶大常杉数十倍。术士廉盛曰：『合浦东杉叶也。此休徵当出王者。』帝遣使验之，信然。乃以千人伐树，役夫多死者。其后三百人坐断株上食，过足相容。至今犹存。

贴士

合浦郡的大杉树显然不是真实存在，这个故事属于怪谈志异，并不是真正的历史。

我国是杉树的主要原产地之一，很早就将杉树应用到建筑、造船、造纸及医药等方面，这证明了杉树在古代的重要性，也许就因此产生了巨木类型的传说。

杉树，别名披黏，在合浦郡的东面，相距约二百里的地方，有一棵杉树。汉安帝永初五年（公元111年）的春天，有一片落叶随风飘进了洛阳城，这片叶子的大小是寻常杉树叶的几十倍。有个叫廉盛的术士说：“这是合浦郡东边的大杉树的叶子。这是一个吉兆，代表要出现王者。”汉安帝派遣使者去合浦检验，果然有那棵大杉。于是命令上千人去砍树，许多差役都累死了。后来有三百个人一起坐在残余的树桩上吃饭，完全能容纳下。树桩现在还保留着。

木

银杉

荆

jīng

荆，宁浦有三种。金荆可作枕，紫荆堪作床，白荆堪作履。与他处牡荆、蔓荆全异。又彼境有杜荆，指病自愈。节不相当者，月晕时刻之，与病人身齐等，置床下，虽危困亦愈。

贴士

本节原文中的“杜荆”可能是“牡荆”的误写，在其他文献中难以查到杜荆的相关描写，却有将牡荆制作成祭祀幡旗的木柄，用于祭祀神灵、祛除恶疾的描写。原文所写刻荆驱病的传说，从一定程度上反映了古代岭南出现过的巫术。

荆，宁浦县（宁浦县：东汉设立，位于今广西东南部）有三种：金荆可以用来做枕头，紫荆可以用来做床，白荆可以用来做鞋子。这些与其他地方的牡荆和蔓荆完全不同。传说在其他地方有一种神奇的“杜荆”，用它指着病人，能让病人自动痊愈。

如果有分节不均匀的杜荆，在月晕的时候用刀雕刻它，做成与病人的身躯相等的样子，放在床下，即使是病危的人也能痊愈。

荆

紫藤

zǐténg

紫藤，叶细长，茎如竹根，极坚实。重重有皮，花白子黑，置酒中，历二三十年，亦不腐败。其茎截置烟炱中，经时成紫香，可以降神。

贴士

本节所描述的紫藤，与其他一些古籍中所记录的这类植物有些不同，比如花为白色，多层树皮等，都是其他文献所记录的紫藤所未见的。但结出的籽可以防止酒浆腐败，却与其他描述相同。

根据“紫香”的描述，有学者认为本节所描述的并不完全是紫藤，可能还融合了降香檀或印度黄檀等能制作香料的植物。

紫藤，叶片细长，茎干像竹根，非常坚实。树皮有好几层，开白色的花，结黑色的籽，用来泡酒，即使过了二三十年也不会腐烂。

把紫藤的茎干截成几段，放入烟灰中，经过一段时间就变成了紫香，点燃了可以降神祈福。

木

紫藤

榼藤

kēténg

榼藤，依树蔓生，如通草藤也。其子紫黑色，一名象豆。三年方熟。其壳贮药，历年不坏。生南海，解诸药毒。

贴士

榼藤因藤茎很长，获得了许多别称，如过山龙、过山枫、过江龙等。

它的种子其实是有毒的，现在的处方之中已经不用，但古人的医书中认为它能入药，有解毒的功效，例如《本草拾遗》中记载，“象豆，味甘、平、无毒”，但入药需要“取籽中仁碎为粉”。《开宝本草》也认为榼藤子“味涩、甘，平，无毒”，烧灰服用，可以治疗蛊毒、五痔、血痢等病症。

榼藤，是一种缠绕树木生长的藤蔓，外形像通草藤。它结的果实呈紫黑色，别名叫象豆。三年才能成熟。用它的壳储藏药物，可以保持几年不腐坏。这种植物生长在南海郡，可以解毒。

木

榼藤

蜜香纸

mìxiāngzhǐ

蜜香纸，以蜜香树皮叶作之。微褐色，有纹如鱼子，极香而坚韧，水渍之，不溃烂。泰康五年，大秦献三万幅。帝以万幅赐镇南大将军当阳侯杜预，令写所撰春秋释例，及经传集解以进。未至而预卒，诏赐其家，令藏之。

贴士

蜜香纸究竟存不存在，是有争议的。《晋书》曾记录了泰康五年（公元284年）大秦国派使者进贡的事，却没有说明献上的东西是什么。但晋代的造纸技术还在发展阶段，纸张的使用并没有普及，所以三万幅的蜜香纸，应当是很珍贵的物品。

蜜香纸，是用蜜香树的树皮和树叶制成的。浅褐色，有鱼子一样的纹理，其味很香而且坚韧，用水浸泡，也不会破碎。

泰康五年（公元284年），大秦国进贡三万幅蜜香纸。晋武帝赐给了镇南大将军兼当阳侯杜预，命令他抄录其撰写的《春秋释例》和《经传集解》两书进呈。但纸还没有送到，杜预就去世了，于是晋武帝下诏把纸赐给他的家人，让他们好好收藏。

木
蜜香树

抱香履

bàoxiānglǚ

抱香履，抱木生于水松之旁，若寄生然，极柔弱不胜刀锯。乘湿时刳而为履，易如削瓜，既干则韧不可理也。履虽猥大，而轻者若通脱木，风至则随飘而动。夏月纳之，可御蒸湿之气。出扶南、大秦诸国。泰康六年，扶南贡百双。帝深叹异，然哂其制作之陋。但置诸外府，以备方物而已。按东方朔琐语曰：木履起于晋文公时，介之推逃禄自隐，抱树而死，公抚木哀叹，遂以为履。每怀从亡之功，辄俯视其履，曰：『悲乎足下。』『足下』之称，亦自此始也。

贴士

在汉晋时代，岭南人非常流行穿木屐。

介之推是晋文公的臣子，为人忠孝，淡泊名利，但“悲乎足下”的传说却是起源于民间，并未见于正史。

抱香履，抱木生长在水松的旁边，就像寄生在水松上，茎干十分柔软，抵挡不了刀锯。趁着抱木湿润的时候用刀剖挖成木屐，容易得像在削瓜菜一样，等到干燥之后，就会非常坚韧，不能再改动。这种木屐虽然非常粗大，但轻得像传说里的通脱木一样，风吹过就能随之飘起。夏天穿，可以抵御热气和湿气。这种木屐来自扶南、大秦等外国。泰康六年（公元285年），扶南国进贡上百双抱香履。晋武帝深感诧异，又嘲笑这些木屐的外表简陋，只是放置在外库作为储备而已。按照东方朔所著的《琐语》记载，木屐起源于春秋时期的晋文公，他的属下介之推拒绝了高官厚禄选择隐居，最后抱着一棵大树被烧死。晋文公抚摸着那棵树哀伤不已，于是用它制作了木屐。每每感怀当年介之推随他逃亡异乡的功劳，就会俯视脚上的木屐，说：“悲乎足下。”于是，有了“足下”这个称呼。

木
帕木（传说植物）

果类

槟榔

bīnglánɡ

槟榔树，高十余丈，皮似青桐，节如桂竹，下本不大，上枝不小，调直亭亭，千万若一，森秀无柯，端顶有叶，叶似甘蕉，条派开破，仰望眇眇，如插丛蕉于竹杪，风至独动，似举羽扇之扫天。叶下系数房，房缀数十实，实大如桃李，天生棘重累其下，所以御卫其实也。味苦涩，剖其皮，鬻其肤，熟如贯之，坚如干枣。以扶留藤、古贲灰并食，则滑美下气消谷。出林邑，彼人以为贵，婚族客必先进。若邂逅不设，用相嫌恨。一名宾门药饯。

贴士

嚼食槟榔的习俗由来已久，现今一些地区还有保留，尤其是东南亚地区及我国台湾地区。

槟榔树，有十几丈高，树皮类似青桐树，有竹节一样的环纹，根部并不膨大，枝端也不会骤然变细，上下粗细相当，挺拔而劲直。每一棵槟榔树都长得一样，没有横生的杂枝，只有顶端长出叶片，形似芭蕉叶，为羽状复叶，开破分布，因为长得很高，人只能在下仰望，就好像把芭蕉叶插在竹竿顶部，风吹过时，就像有几把羽扇在轻扫天空一样。叶片下方分成几个花房，每个花房都能结几十个果实，果实像桃子或李子一样大，底部有重叠的花被片，就像在护卫果实一样。其味苦涩，需剖开果皮，取出种子并用水煮，煮熟后用细绳串起晾干，使得种子变得像干枣一样硬。之后与蒟酱和用牡蛎壳烧成的灰一起食用，口感滑美而且通气消食。这种树多见于林邑（林邑：原为林邑国，位于今越南南部，西汉在此设象林县，简称林邑，东汉末又自立为林邑国），当地人认为槟榔是珍贵的物品，婚礼时必定先用它招待亲友。如果一时未及准备，还可能招来怨恨。槟榔的别名叫作宾门药饯。

果

槟榔

荔枝

lìzhī

荔枝树，高五六丈余，如桂树，绿叶蓬蓬，冬夏荣茂。青华朱实，实大如鸡子，核黄黑似熟莲，实白如肪，甘而多汁，似安石榴。有甜酢者，至日将中，翕然俱赤，则可食也。一树下子百斛。三辅黄图曰：汉武帝元鼎六年，破南越，建扶荔宫，扶荔者，以荔枝得名也。自交趾移植百株于庭，无一生者。连年移植不息，后数岁，偶一株稍茂，然终无华实，帝亦珍惜之。一旦忽萎死，守吏坐诛死者数十，遂不复茂矣。其实则岁贡焉，邮传者疲毙于道，极为生民之患。

贴士

荔枝是本土植物，在汉代就已经成为重要的贡品。其味道甘美，是食疗的佳品，有促进食欲、美容养颜等诸多功效。《食疗本草》中记载，荔枝“微温。食之通神益智,健气及颜色”，但是“多食则发热”，过量食用荔枝会出现急性中毒的情况。

荔枝树，有五六丈高，外形像桂树，绿叶蓬发，四季都很繁盛。开青色的花，结红色的果实，果实像鸡蛋一样大，果核呈黄黑色，类似熟莲子，果肉白如脂肪，甘甜多汁，像安石榴。有一种又甜又酸的荔枝，在夏至日的巳时，会突然由青变红，之后就可以食用了。一棵树能结几百斗果实。《三辅黄图》上记载，汉武帝元鼎六年（公元前116年），征服南越，建造扶荔宫，“扶荔”就是从荔枝得来的名称。汉武帝下令从交趾郡移植了上百株荔枝到王宫，但没有一株存活。每年都移植，从不止息，几年后，偶然有一株稍显茂盛，然而始终不开花结果，即使这样汉武帝也非常珍视这株荔枝树。一天早晨这棵树突然枯死，导致几十名守吏连坐，被处以死罪，这之后内苑中也再未有存活繁茂的荔枝树了。荔枝果实每年都会作为贡品送至宫中，常有运送的人在半路上累死的情况，成为平民百姓的一大负担。

果

荔枝

椰

yē

椰树，叶如栟榈，高六七丈，无枝条。其实大如寒瓜，外有粗皮，次有壳，圆而且坚。剖之有白肤，厚半寸，味似胡桃，而极肥美。有浆，饮之得醉。俗谓之越王头。云：昔林邑王与越王有故怨，遣侠客刺得其首，悬之于树，俄化为椰子。林邑王愤之，命剖以为饮器，南人至今效之。当刺时，越王大醉，故其浆犹如酒云。

贴士

本节原文所说椰浆似酒，“饮之得醉”，这与许多古代文本的记录相悖，有写椰浆像酒液，也有认为像牛乳的，但大多都说，饮用椰浆是不会醉的。也许原文是为了解释椰子“越王头”的别名，从而创作了林邑王和越王的故事。

椰树，叶片很像棕榈叶，有六七丈高，没有枝条。果实像瓠瓜一样大，最外层有粗糙的皮，然后是又圆又硬的壳。剖开之后，有半寸厚的白色果肉，味道像胡桃，非常肥美。有果浆，像酒一样能令人喝醉。俗称越王头。

传说从前林邑王和越王有旧仇，于是派刺客杀了越王，砍下了他的首级，并悬挂在树上，一会儿头颅就变成了椰子。林邑王的愤恨还未消除，又让人把椰子剖开，做成喝水的器具，南方人至今还在效仿。据说越王是在酩酊大醉时被刺杀的，因此椰浆就像酒一样。

果

椰

杨梅

yángméi

杨梅，其子如弹丸，正赤，五月中熟。熟时似梅，其味甜酸。陆贾南越行纪曰：罗浮山顶有胡杨梅、山桃绕其际。海人时登采拾，止得于上饱啖，不得持下。东方朔林邑记曰：林邑山杨梅，其大如杯碗，青时极酸，既红味如崖蜜，以醖酒，号梅香酎，非贵人重客，不得饮之。

贴士

杨梅有许多品种，因此在不同的典籍中会出现描述的细微差异，但东方朔所写的大如杯碗的杨梅，显然是不存在的，是一种夸张的说法。

杨梅，果实像弹丸一样，正红色，每年五月中旬成熟。成熟时长得像梅子，味道酸甜。

陆贾的《南越行纪》记载，罗浮山山顶长着许多胡杨梅和山桃。海边的人经常登山采摘，只能在山上饱餐，却不能带到山下。

东方朔在《林邑记》中描述，林邑山上的杨梅，像杯子和碗一样大，青的时候极酸，变红以后如崖蜜般甜，用来酿酒，被称为“梅香酎”，除非是招待尊贵的客人，否则轻易不能饮用。

果

杨梅

橘

jú

橘，白华赤实，皮馨香，有美味。自汉武帝，交趾有橘官长一人，秩二百石，主贡御橘。吴黄武中，交趾太守士燮，献橘十七实同一蒂，以为瑞异，群臣毕贺。

贴士

古人对柑橘的认识非常久远，从《尚书》《吕氏春秋》等典籍可以看出，至少在先秦时期，柑橘就已经成为一种经济作物，得到广泛的种植。“橘生淮南则为橘，生淮北则为枳”这句谚语的流传，也从侧面表现了这一点。

橘，开白花，结红果，果皮馨香，果肉美味。

从汉武帝开始，在交趾郡设立了一个橘官长职位，俸禄有二百石，专职负责管理进贡的橘子。三国时期，吴国黄武年间，交趾太守士燮向孙权献上了一蒂同结的十七个橘子，认为这是一种祥瑞之兆，群臣都来祝贺。

果

橘

柑

gān

柑乃橘之属，滋味甘美特异者也。有黄者，有赪者。赪者谓之壶柑。交趾人以席囊贮蚁，鬻于市者。其窠如薄絮，囊皆连枝叶，蚁在其中。并窠而卖，蚁赤黄色，大于常蚁。南方柑树，若无此蚁，则其实皆为群蠹所伤，无复一完者矣。今华林园有柑二株，遇结实，上命群臣宴饮于旁，摘而分赐焉。

贴士

本节原文所述的用赤黄色大蚂蚁养护柑树的做法是真实存在的，这种蚂蚁叫做黄柑蚁，能够捕食多种柑橘害虫。古人的做法来自多年实践经验的累积，这是早期生物防治的一项创举。

柑是橘的一种，是味道特别甜美的橘。果实有黄色的，有红色的。红色的叫作壶柑。

交趾郡人会用席袋装着一种蚂蚁，带到市场上售卖。蚁巢像轻薄的棉絮，连着树枝、树叶，蚂蚁存活在其中，连带蚁巢一起卖，这种蚂蚁呈赤黄色，比一般蚂蚁的个头大。南方的柑树，如果没有这种蚂蚁，就会被其他害虫蛀坏，一个完好的果实也剩不下。

如今华林园中就有两棵柑树，等到结果的时候，皇帝让群臣在树边宴饮，摘下果实分赐给他们。

果

柑

橄榄

gǎnlǎn

橄榄树，身耸，枝皆高数丈，其子深秋方熟，味虽苦涩，咀之芬馥，胜含鸡骨香。吴时岁贡，以赐近侍，本朝泰康后亦如之。

贴士

现今橄榄常常被做成蜜饯类食品，因为它具有生津解渴、解毒利咽的功效。古人认为橄榄能够解河豚的毒素，李时珍在《本草纲目》中也说它“能解一切鱼、鳖毒”。

橄榄树，树干高直，树枝都在几丈高的地方，果实要到深秋才成熟，味道虽然苦涩，但咀嚼时散发芳香，比含着鸡骨香更加芬芳。

吴国时期每年都进贡，皇帝会赐给近侍，在本朝（西晋），武帝太康元年（公元280年）之后也是如此。

果

橄榄

龙眼

lóngyǎn

龙眼树，如荔枝，但枝叶稍小，壳青黄色，形圆如弹丸，核如木梡子而不坚，肉白而带浆，其甘如蜜，一朵五六十颗，作穗如蒲萄然。荔枝过即龙眼熟，故谓之荔枝奴，言常随其后也。东观汉记曰：单于来朝，赐橙、橘、龙眼、荔枝。魏文帝诏群臣曰：『南方果之珍异者，有龙眼、荔枝，令岁贡焉。』出九真、交趾。

贴士

龙眼，也就是今天常见的桂圆，另外还有许多别名：益智、骊珠、龙目、比目、圆眼、蜜脾、燕卵、绣水团、海珠丛蘖、川弹子、亚荔枝、荔枝奴等。

龙眼树，状如荔枝树，但枝叶更小些，果壳为青黄色，外形像弹丸一样圆，果核像是木梡子，但不坚硬，果肉白色带有果浆，如蜜糖一样甜美。一朵花能结五六十颗果实，像葡萄一样呈穗状分布。

荔枝成熟的季节一过，就到了龙眼成熟的时候，所以把龙眼叫作“荔枝奴”，意思是总跟在荔枝的后面。

《东观汉记》里记载，单于来朝拜，皇帝赏赐给他橙子、橘子、龙眼和荔枝。魏文帝曾对群臣下诏说：“南方的水果中，珍稀奇异的就有龙眼和荔枝，要每年进贡。”多见于九真、交趾两郡。

龙眼

海枣

hǎizǎo

海枣树，身无闲枝，直耸三四十丈。树顶四面共生十余枝，叶如栟榈。五年一实，实甚大，如杯碗，核两头不尖，双卷而圆，其味极甘美。安邑御枣，无以加也。泰康五年，林邑献百枚。昔李少君谓汉武帝曰：『臣尝游海上，见安期生食巨枣，大如瓜。』非诞说也。

海枣树，树干上没有多余的枝叶，笔直地生长到三四十丈高。树顶向四周长出十多根枝丫，叶子像棕榈叶。五年一结果，果实很大，像杯子或碗一样，果核两头不尖，两侧卷起，非常圆润，味道十分甘甜。就连安邑（安邑县：秦朝设立，位于今山西省西南部）上贡的御枣也比不上。

晋武帝太康五年（公元284年），林邑曾献上一百枚。当年李少君对汉武帝说："我曾经出海游历，见到安期生在吃一颗巨大的枣，像瓜一样大。"这并不是胡说。

贴士

海枣的别名有无漏子、波斯枣、紫京、万年枣、金果等，其果实现今流传最广的名称是椰枣，不过椰枣一般没有文中描述的那么大。原产于西亚和北非地区，多用于制作食物。作为外来物种，海枣在汉晋时期的记录非常少，可能是跟随进贡使团和贸易船队进入的，在岭南地区种植。

果
海枣

千岁子

qiānsuìzǐ

千岁子，有藤蔓出土，子在根下，须绿色，交加如织。其子一苞恒二百余颗，皮壳青黄色。壳中有肉如栗，味亦如之。干者壳肉相离，撼之有声，似肉豆蔻，出交趾。

千岁子，其泥土以上的部位是藤蔓，果实在根部之下，根须是绿色的，相互交织在一起。果实往往一苞有两百多颗，皮壳是青黄色的，壳里有栗子一样的肉，味道也像栗子。

晾干后壳与肉相互分离，摇晃时能听到声音，如同肉豆蔻一样，多见于交趾郡。

贴士

千岁子是《南方草木状》中最难确认的植物，很多人根据原文的描述，猜测它是我们今天日常食用的落花生，但落花生原产于美洲，不可能在晋代就传入中国。

另外还有千岁蘽、乌松等猜测；在古籍中，仙人掌也有“千岁子”的别名，但显然它们都不符合本节原文的描述。最终，有学者认为叉叶苏铁的生长寿命长，茎叶生长初期似藤蔓，果实特征及生长地域都符合对千岁子的描写。

叉叶苏铁

五敛子

wǔliǎnzǐ

五敛子，大如木瓜，黄色，皮肉脆软，味极酸，上有五棱，如刻出。南人呼棱为敛，故以为名。以蜜渍之，甘酢而美，出南海。

五敛子，果实像木瓜一样大，黄色，果皮和果肉又脆又软，味道非常酸，表面有五道棱，就像用刀刻出来的一样。南方人把“棱”叫作“敛”，所以叫作“五敛子”。

用蜜糖浸泡后食用，味道酸甜，多见于南海郡。

贴士

五敛子也就是杨桃，也叫作羊桃、三蔠、五蔠、三敛子等，在现今的植物学中它的学名是阳桃。

在古代，由于存在品种的差异，所以人们会根据果棱的数量将它们区分为“三敛子”和“五敛子”，如《岭南杂记》中记载，“羊桃，一名三敛子，一名五敛子，以其觚棱而分也”。但在现代，三棱的杨桃已经消失，原因可能是人们长期以来有选择地培育五棱的良种。

果

阳桃

钩缘子

gōuyuánzǐ

钩缘子，形如瓜，皮似橙而金色，胡人重之，极芬香。肉甚厚白，如芦菔。女工竞雕镂花鸟，渍以蜂蜜，点燕檀巧丽妙绝，无与为比。泰康五年，大秦贡十缶。帝以三缶赐王恺，助其珍味，夸示于石崇。

钩缘子，外形像瓜，果皮像橙皮，却是金色的，胡人很看重这种果实，香气十分馥郁芬芳。果肉又厚又白，像萝卜。女工们竞相在钩缘子上雕刻花鸟图案，用蜂蜜浸泡，又用胭脂和檀香装饰，令它精致巧妙，无与伦比。

晋武帝太康五年，大秦国进贡了十缶，晋武帝把其中三缶赐给了王恺，为他的珍奇贵重之物助力，让他可以向石崇夸耀。

贴士

钩缘子也就是佛手。

石崇是西晋时期著名的富豪，他富可敌国，生活极尽奢华。王恺则是晋武帝的舅舅，是皇亲国戚。两人极尽豪奢，相互攀比，比如王恺家中用饴糖水刷锅，石崇就用蜡烛作为柴火；王恺下令制作四十里紫丝步障，石崇就做五十里锦步障等。晋武帝曾经赐给王恺许多珍宝，帮助他与石崇斗富。

果

佛手

海梧子

hǎiwúzǐ

海梧子，树似梧桐，色白，叶似青桐，有子如大栗，肥甘可食，出林邑。

贴士

目前学界还未确定海梧子究竟指哪类植物，有可能是苹婆、石栗或家麻树。

海梧子，树干类似梧桐，颜色发白，叶片很像青桐叶，结的果实像大颗的栗子，肥美甘甜，可以食用，多见于林邑。

果

苹婆

海松子

hǎisōngzǐ

海松子，树与中国松同，但结实绝大，形如小栗，三角，肥甘香美，亦樽俎间佳果也。出林邑。

海松子，树干与中原的松树差不多，但结出的松子非常大，形似较小的栗子，三角形，又香又甜，是宴席上的佳果。多见于林邑。

贴士

松子在古代常见于神话志怪类的书籍，松树本身是长寿的代表之一，许多修道方士认为服食松子、松脂等能够延年益寿。根据《南方草木状》《外台秘要》《开宝本草》等古籍，学者们一般认为海松子是指红松，即“五鬣松”。但红松主要分布在我国东北，不知为何会被收录进主要记录岭南地区植物的《南方草木状》之中。

果

海松子

菴摩勒

ānmólè

菴摩勒，树叶细，似合昏花，黄实似李，青黄色，核圆作六七棱。食之先苦后甘，术士以变白须发，有验，出九真。

贴士

菴摩勒也叫余甘子，原产于亚洲热带地区，许多学者相信“菴摩勒”这个名字，来自于印度梵语的音译，而现今印度仍保留着使用菴摩勒制作染发剂和墨水的习惯。

菴摩勒，其树叶很细，与合欢花的树叶相似，果实呈黄色，外形像李子，果核圆形，有六七道棱。品尝它的果实，先有苦味，然后才能尝出甘甜。方士用它来染黑白发，非常有效。出自九真郡。

果

菴摩勒

石栗

shílì

石栗，树与栗同，但生于山石罅间，花开三年方结实。其壳厚而肉少，其味似胡桃人，熟时，或为群鹦鹉至，啄食略尽，故彼人极珍贵之，出日南。

石栗，其树与栗树相同，只是生长在山石的缝隙中，花开后三年才结出果实。果实外壳厚，果肉少，味道与胡桃仁类似。

成熟的时候，经常有鹦鹉结群而至，啄食殆尽，所以当地人认为这是很珍贵难得的果实。

多见于日南郡（日南郡：西汉设立，位于今越南中部）。

贴士

在古代，一些外形近似的坚果往往被视为同种植物，虽然也有一些名称上的区分，但指代的内容并没有十分严格的差异，比如栗子，在新石器时代就出现在了古人的食物体系之中，在很长一段时间内，都作为粮食的补充食物食用。

本节原文所描述的石栗，并不能确定它具体指代哪种植物，根据文中描述的几个特点，甜槠栲、印度锥栗、桂林栲等都有符合的部分。

果

石栗

人面子

rénmiànzi

人面子，树似含桃，结子如桃实，无味。其核正如人面，故以为名。以蜜渍之，稍可食，以其核可玩，于席间饤饾御客。出南海。

人面子，植株形似樱桃树，果实也像樱桃，却平淡无味。

因为它的果核形似人面，所以得名为“人面子”。用蜜糖浸泡后，勉强可食用。因为它的果核值得把玩，所以在宴席上常将这种水果堆叠在盘中，用于招待宾客。多见于南海郡。

贴士

人面子是一种无患子目漆树科的常绿大乔木，可以长到 20 多米高，又叫作人面树、银莲果等。它对土壤的适应性很强，耐寒、防风，果实可以入药，具有健胃生津、醒酒解毒的功效。本节原文中所述的蜜渍后食用的方法现在还有应用，不过其他药书经常记录人面子的味道是甘、酸，可以腌制为蜜饯或孕期酸食等，与文中所说的“无味”有所出入。

果

人面子

竹类

云丘竹

云丘竹，一节为船，出扶南。然今交广有竹，节长二丈，其围一二丈，往往有之。

yúnqiūzhú

贴士

云丘竹，也叫员丘竹、帝俊竹、舜竹，是一种神话植物。《山海经·大荒北经》曾记录过“丘方员三百里，丘南帝俊竹林在焉，大可为舟”。此后被许多典籍引用、转抄、注释，增补了许多细节，其产地、节数、周长等都有变化。

目前所知最大的竹子是云南的巨龙竹，直径可以达到30厘米，但这也未能达到“一节为船”的标准，可见云丘竹并非真实存在，或有可能是对大型竹子的夸大。

云丘竹，一个竹节就可以做船，出自扶南国。

但现今交广一带有一种竹子，每一节有两丈长，竹身周长有一到两丈，而且还很常见。

竹

云丘竹

簁簩竹

sīláozhú

簁簩竹，
皮薄而空多，
大者径不过二寸，
皮粗涩，
以镑犀象，
利胜于铁，
出大秦。

贴士

簁簩竹又叫做簁竹、簩竹、涩竹、百叶竹，除了质地粗糙可作锉子使用以外，在一些文献记录中，还说明了它可能有毒性，能用来制作武器或陷阱。如《竹谱》中就有注释，“百叶竹，生南垂界，甚有毒，伤人必死，一枝百叶，因以为名”。

簁簩竹，竹皮薄而内在空大，其中较粗的竹子直径也不超过两寸，表皮粗糙，可以用来打磨犀角和象牙，比铁器都锐利，来自大秦国。

竹

簚簩竹

石林竹

石林竹，似桂竹，劲而利，削为刀，割象皮如切芋。出九真、交趾。

shílínzhú

贴士

石林竹也称刀子竹、石麻竹，其突出特征是坚硬。与之相符的是现今的石竹，也叫作净竹，这种竹子基部较实，壁厚而坚韧，可以制作各种工具。

石林竹，外形像桂竹，强韧且锐利，削成刀具，割大象的皮肉就像切芋头。多见于九真和交趾郡。

竹

石林竹

思摩竹

sīmózhú

思摩竹，如竹大，而笋生其节。笋既成竹，春而笋复生节焉。交广所在有之。

贴士

思摩竹的别名非常多，有苏麻竹、沙摩竹、沙麻竹、粗麻竹、筚摩竹、斯麻竹等，读音相似，应当是古文转写导致了多种不同的写法。

思摩竹，和普通竹子一样大，但竹节上会长出竹笋。笋长成竹子后，到了春季竹节又再长出笋。交广地区常见这种竹。

竹

思摩竹

箪竹

dānzhú

箪竹，叶疏而大，一节相去六七尺。出九真，彼人取嫩者，硾浸纺绩为布，谓之竹疏布。

贴士

现今竹疏布的工艺已经失传，也有学者提出质疑，认为竹子的纤维不足以织成布料，所谓的“竹疏布”可能是一种用竹子作为原料制作出来的纸张。

箪竹，叶子稀疏，叶片很大，竹节之间有六七尺的距离。多见于九真郡，当地人取鲜嫩的箪竹，破成细丝，经捶打浸泡后纺织成布，叫作竹疏布。

竹
箪竹

越王竹

yuè wángzhú

越王竹，根生石上，若细荻，高尺余。南海有之。南人爱其青色，用为酒筹。云越王弃余筭而生竹。

越王竹，在石头上生根，像细细的芦苇，一尺多高。多见于南海郡。南方人喜欢它的青色，用它做酒筹。据说越王丢弃算筹的地方，长出了这种竹子。

贴士

一些学者相信越王竹是生长在山谷或水边的矮竹，也叫凤尾竹，其茎干细小，多作为盆栽观赏。但也有一些学者，根据唐代文献的记载，认为越王竹有可能是海边的一种珊瑚，它也可以用于制作算筹，而且符合“根生石上”的特征。

竹

凤尾竹

图书在版编目（CIP）数据

伟大的植物：南方草木状 /（晋）嵇含著；兰心仪编译；杨盈盈绘. -- 北京：中国画报出版社，2020.4（2024.5重印）
ISBN 978-7-5146-1805-1

Ⅰ. ①伟… Ⅱ. ①嵇… ②兰… ③杨… Ⅲ. ①植物志—中国—西晋时代 Ⅳ. ①Q948.52

中国版本图书馆CIP数据核字(2019)第219274号

伟大的植物：南方草木状
[晋]嵇含 著　兰心仪 编译　杨盈盈 绘

出 版 人：于九涛
责任编辑：田朝然
责任印制：焦　洋

出版发行：中国画报出版社
地　　址：中国北京市海淀区车公庄西路33号　邮编：100048
发 行 部：010-88417418　010-68414683（传真）
总编室兼传真：010-88417359　版权部：010-88417359

开　　本：16开（880mm×1230mm）
印　　张：10
字　　数：118千字
版　　次：2020年4月第1版　2024年5月第2次印刷
印　　刷：北京汇瑞嘉合文化发展有限公司
书　　号：ISBN 978-7-5146-1805-1
定　　价：98.00元